中国农业出版社

本书编委会

主　　编　韩贵清

总 顾 问　唐　珂　赵本山

执行主编　刘　娣　马冬君

副 主 编　许　真　李禹尧

编创人员　张喜林　王　宁　王根林

　　　　　张东方　吴宏达

前　言

黑龙江省农业科学院秉承“论文写在大地上，成果留在农民家”的创新理念，转变科研发展方式，成功开创了融科技创新、成果转化和服务“三农”为一体的科技引领现代农业发展之路。

为了进一步提高农业科技知识的普及效率，针对目前农业生产与科技文化需求，创新科普形式，将科技与文化相融合，编创了以东北民俗文化为背景的《现代农业新技术系列科普动漫丛书》。本书为丛书之一，采用图文并茂的动画形式，运用写实、夸张、卡通、拟人手段，融合小品、二人转、快板书、顺口溜的语言形式，图解最新农业技术。力求做到农民喜欢看、看得懂、学得会、用得上，以实现科普作品的人性化、图片化和口袋化。

编　者

2016年5月

辉哥是十里八村出了名的养牛老把式，和儿子小远共同经营了一家有几十头牛的家庭牧场。凭借多年的养牛经验，牧场倒也搞得有声有色。可随着牧场规模的不断扩大，出现了许多新问题，原本的老经验也不那么灵了……

主要人物

初秋时节，空气中弥漫着作物成熟的甜香。小农科和辉哥一前一后走在田间的小路上，眼瞅着自家几百亩*饲用玉米就能收了。想到牧场的牛很快又能吃上新口粮，辉哥心里就美滋滋的。

---

* 亩为非法定计量单位，1公顷=1/15亩。

在专家的帮助下，近年来，辉哥牧场的规模不断扩大。为了让牧场管理水平跟上发展速度，小农科还把辉哥的儿子小远推荐到一家大型牧场学习动物防疫。

小农科随手掰开一个穗子说道：“你种的饲用玉米和打粮食的玉米就是不一样，穗子没那么大，可是整株的综合营养高。”

小农科告诉辉哥：“饲用玉米一般在乳熟末期、蜡熟前期收获。”辉哥听了却有些将信将疑。

小农科耐心地给辉哥解释道：“饲用玉米不能像家里打粮食的大玉米，等蜡熟后期再收。一是玉米穗全长硬实了，籽粒在瘤胃里不好消化；二是秆和叶子都枯黄了，既不好吃又没营养。”

大花和二花是辉哥牧场里一对著名的“姊妹花”，素来感情好。一听说二花病了，大花连忙过来探望。得知二花生病是因为吃多了精饲料，大花劝她不能嘴馋，可二花却听不进去。

一想到以前家里穷，常年吃玉米秸子，干巴巴没营养，年轻轻就人老珠黄的。现在咋这么快又得了“富贵病”了，大花就忍不住委屈地哭了。

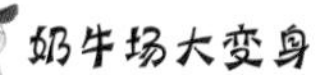

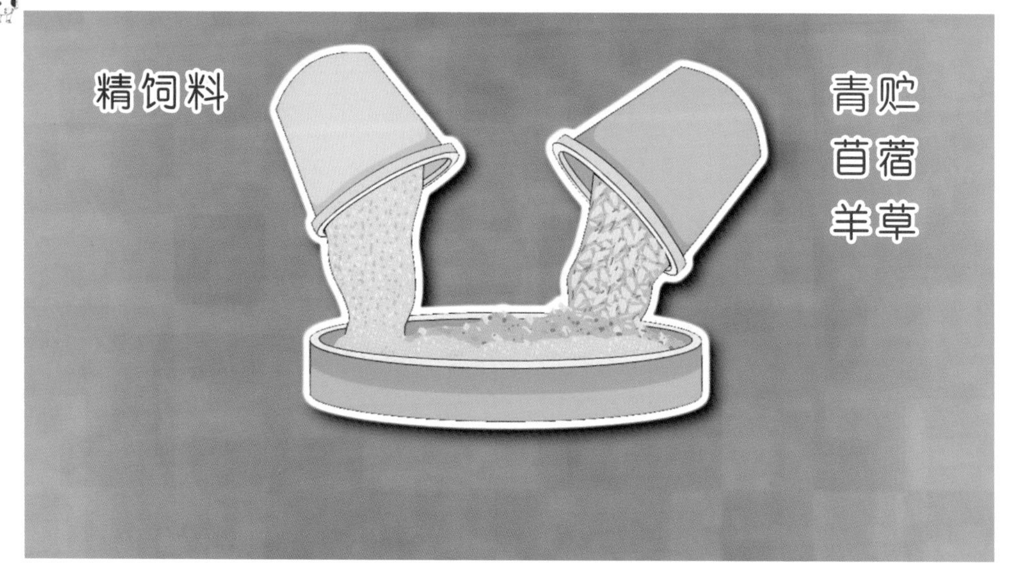

精饲料要搭配着青贮、苜蓿、羊草等粗饲料。尤其是产奶高峰期，粗饲料得吃优质的，这样才能吃得健康、产奶多。

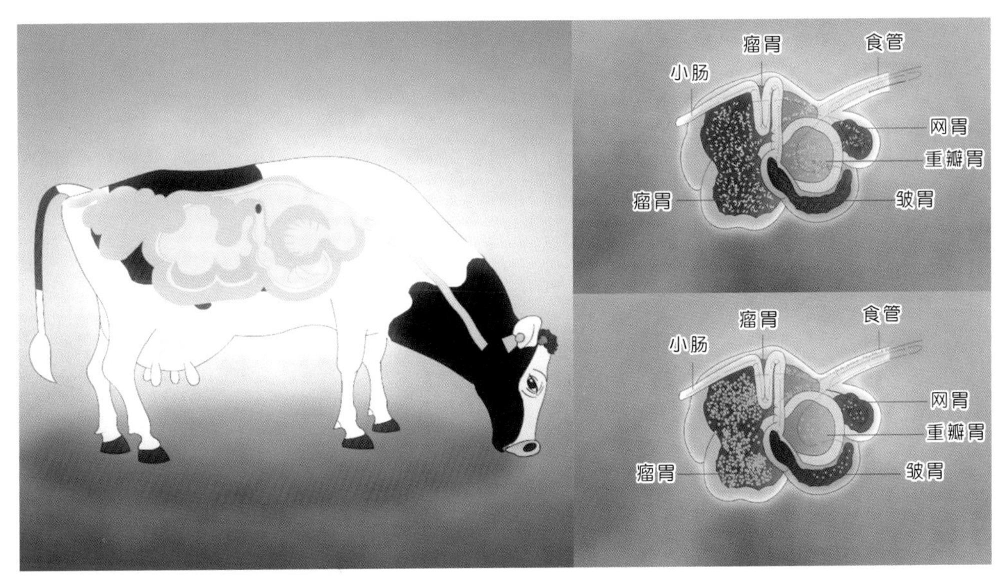

牛是反刍动物，4个胃。牛的瘤胃没有粗饲料就运转不动，吃进去的精料不能被正常吸收；反过来，粗料吃多了，精料不够又动力不足。想健康，最关键的是要饮食平衡。

嘴馋的二花躺在病床上又惦记起辉哥家新盖的青贮窖，一想到今后常年都有酸酸爽爽的青贮吃，马上来了精神。大花见妹妹一副馋样，忍不住再次叮嘱她吃精料要节制，营养搭配才健康。

这天一大早儿，外出学习的小远风尘仆仆地赶回来，打算帮助父亲做青贮。

小远告诉辉哥，自己在牧场跟着师傅做过玉米青贮。玉米青贮既清香又新鲜，质量还特别好。辉哥听了很高兴。小远又从包里掏出几本养奶牛的书，想让父亲也学习学习，可话说一半，就被心急的辉哥拉到地里去了。

清晨，远处村里隐隐听到了收割机、卡车的轰隆声。原来是小远正开着收割机收玉米，小农科从载满玉米碎屑的卡车上抓了一把碎屑，检查含水量。

往青贮窖里装料、压实后，封窖顶，待一个月后开窖完成青贮。

奶牛运动场里，一群奶牛正在抢着吃刚放进饲槽里的青贮。瞧，吃得最欢实的那两头小母牛不正是辉哥家的“姊妹花”吗。

大花、二花边吃边赞叹自家的青贮比在外面买的好吃，有专家指导就是水平高。姐妹俩一边吃着香喷喷的青贮，一边说起了悄悄话。

“前两天吧，我瞅见小远撺掇他爸，改什么‘全混合日粮’”二花故作神秘地说。原来，最近牧场上下都在传小远要给大伙改伙食，大家心里都泛着嘀咕。

这换饲料配方是大事，小远父子丝毫不敢马虎。这天上午，辉哥送奶回来，急忙翻出小远给他的专业书，心急地说：“乳品公司的人也让我改成TMR全混合日粮，说乳品质量更稳定。”

眼见辉哥有些着急，小远却笑呵呵，慢条斯理地说：“这厨师炒菜呢，只管吃饱；营养师则是研究需要哪些营养、怎么搭配对身体有利。”

“说牛呢，没让你炒菜。”辉哥更急了，催促小远尽快说正题。小远连忙解释：“我说的是牛的一日三餐啊！你不了解牛的营养需求，不知道它一天需要补充多少蛋白质、多少能量，那料给得能合适吗！”

小远告诉辉哥，管理好的牧场都用全混合日粮喂牛。一样阶段的牛，产奶量比咱家多两三成，而且产后恢复好，一胎接一胎没啥空档儿。

辉哥听了频频点头，小远又继续说：“像咱家现在这样精、粗料分开喂有个大缺点。一群牛里，总有那能抢的、嘴馋的，专挑精料吃，容易酸中毒；那胆小的牛抢不过，只能吃挑拣剩下的，就造成常年吃不饱，从而营养失衡。”

辉哥和小远一番讨论之后，还是决定找小农科帮忙，添个配套的TMR设备。按照配方把精、粗料混在一起喂牛，让奶牛没法儿挑食，营养就均衡了。

辉哥当即给小农科打电话，小农科告诉辉哥："现在规模化养奶牛都用TMR，和咱们盖房子要通水电一样，是牧场最基本的要求。"小农科爽快地答应尽快帮辉哥设计TMR配方，保证让所有奶牛吃饱、吃好。

说干就干，小农科按照营养成分和各阶段奶牛的需求，针对牧场实际情况设计了四款配方，并帮助辉哥父子安装上了TMR设备。

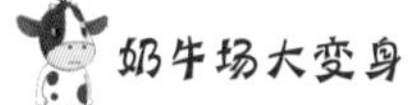

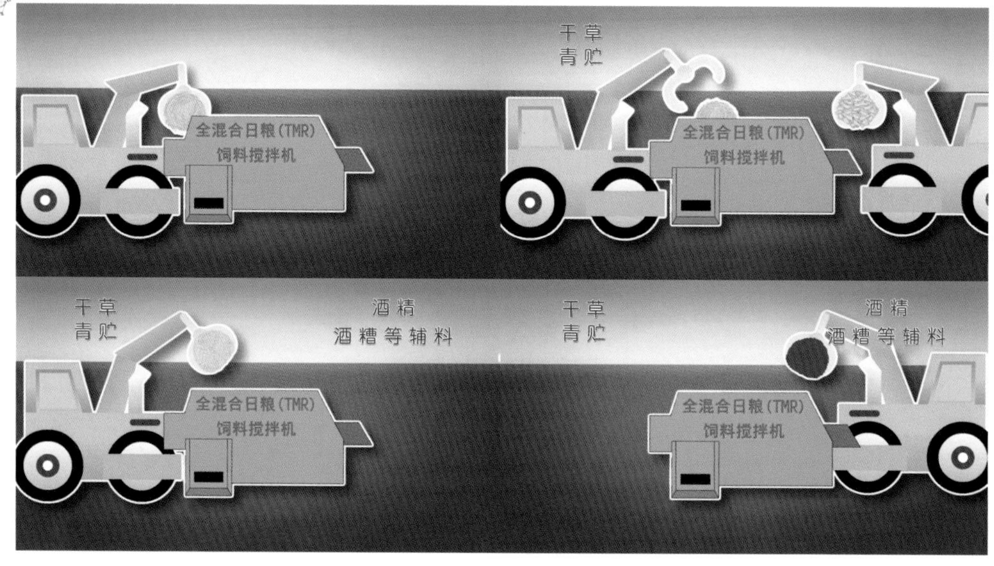

“混料的先后顺序千万不能乱了，要按照先粗后精、先干后湿、先轻后重的原则投放。”小农科告诉辉哥。

规模越大的牛场，奶牛分群越细、配方越多，吃进去的口粮都不浪费，是最理想的。辉哥拿着小农科给的配方，信心满满地准备开工。

小农科叮嘱辉哥，当前的四个配方是针对现在牧场的规模和管理水平分的。刚改的这些日子，要随时观察奶牛的反刍和粪便，有问题一定要随时联系。

辉哥又向小农科请教起产前、产后加减料的问题。小农科告诉他：“泌乳初期的牛还在月子里，产奶量不大，主要任务是恢复体力，不用喂太多料。”

产奶盛期产奶量逐步升高，应逐步加大精料喂量来控制产奶量， 同时做到“料领奶走”。

泌乳后期的牛，产奶量逐步下降，要“奶领料走”，根据产奶量来调整饲料喂量。

再看看辉哥家的“姊妹花”，自打换了新口粮，那是吃嘛嘛香，身体倍儿棒，一下子年轻了好几岁。姐俩凑一起还兴致勃勃地调侃起隔壁村营养不良的牛妹子来。

开够了玩笑，辉哥家的这对活宝还不忘自我陶醉一番。小姐俩正唠到兴头上，没成想危险已经悄然而至……

“口蹄疫”“结核”“布鲁氏菌病”三个小怪物从黑暗中现身，张牙舞爪地向她们扑了过来……

好在牧场平日里防疫措施到位，春、秋两次体检，打疫苗从来不少，姊妹俩根本不把这些病毒放在眼里。病毒们见无机可乘，只好灰溜溜地逃走了。

打败了疫病，二花得意地哈哈大笑，可大花却心事重重。原来是大花家闺女大妮儿生完后一直怀不上崽儿，大花心里着急。“听说牧场最近要来一位繁育专家，一定有办法治好大妮儿。”二花安慰道。

张老师真的来了，并且一进院子就要看牛的档案。辉哥转头尴尬地看看小远，父子俩好容易找出一叠残缺不全的纸片，张老师看了直摇头。

“牛是陆陆续续从好几个屯子合到一起的，资料整不全了。”辉哥尴尬地直挠头。张老师严肃地告诉他们繁殖记录的重要性。

张老师表示：“牛多、档案不全，只靠人脑管理是不行的。”他建议辉哥父子装一套管理软件，档案建立起来，基本秩序有了，饲养管理水平才能提高，产奶量才能稳步增长。父子俩连连点头。

张老师和小远在前面走，辉哥低着头跟在后面，想着自己的老办法过时了，用不上人场面，心里有些不是滋味。

张老师换上淡蓝色的工作服，和辉哥父子一起进入生产区。张老师说：“一般从散养户干大的牧场，都知道‘抓奶要抓配’，配不上种抓紧治疗，但大都没有注意牛的胎间距。”

张老师指出：“空怀期过长是个严重问题，要想解决必须在管理上下工夫。”

小远指着不远处的几头牛对张老师说：“您看这几头牛下完犊儿都三个多月了，一直没发情。”巧了，大妮儿就在这几头牛里面，这回有张老师帮忙，大花可以放心啦。

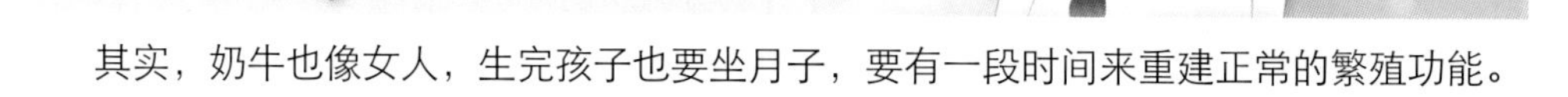

其实，奶牛也像女人，生完孩子也要坐月子，要有一段时间来重建正常的繁殖功能。

你对她好，等她功能恢复以后，及时配种受孕成功，以最快的速度启动下一个产奶循环，这头牛产奶效率就高。

如果粗心，该配种没配，或者奶牛身体健康有问题不发情，又没有及时治疗。前后两胎产犊、产奶的空档期就长，你就赚不到钱。

产后定期检查要做到位，这样才能降低产后淘汰率，促进发情。

为了再次孕育新的生命，小母牛们正被逐一安排做详细产检。

有了科学产检做保证，牛妈妈们都顺利产下了宝宝。辉哥家的牧场越做越大了。

与此同时，小远把牧场管理软件也装好了。把资料输入电脑后，就可以随时查看任意奶牛的情况了，十分方便。

辉哥高兴地告诉儿子，经张老师治疗过的那几头牛都发情了，催促小远快打电话找配种员。

小远叫辉哥别着急，让他先看看张老师说的奶牛系谱档案，现在都登记进入电脑，以后不会乱了。

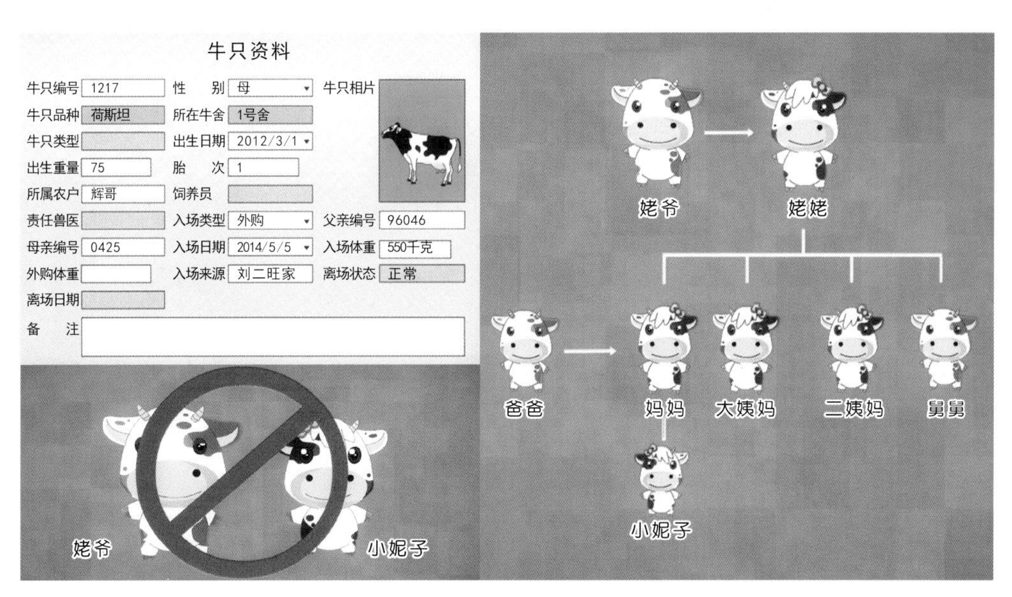

奶牛系谱就是奶牛的族谱，如果没有系谱，配到第三胎的时候，孙女和爷爷或者姥爷可能碰到一块儿，近亲繁殖会出现很多问题。

要给每头母牛都建立系谱档案，配种的公牛精液也进行登记。女儿再进行配种时，另选好的公牛，就能避免近亲繁殖。

大花、二花正对着镜子梳妆打扮，往脑袋上戴花，喜气洋洋地准备跟外来的棒小伙配种。

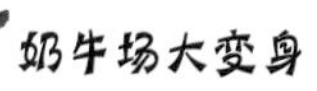

一想到将来科学配种生出来的牛娃聪明漂亮、身体强壮，姐妹俩就高兴得合不拢嘴。

为了给母牛们招来优秀的“新姑爷”，小远正游说辉哥购买价格相对较高的优质种公牛精液。

辉哥心里也觉得优质种公牛精液好，可还是心疼钱，犹豫着拿不定主意。

“你算算，光一年多产奶，你多赚多少钱？我这点服务费，还叫个事儿呀！”见辉哥还在犹豫，等着配种的帅公牛急得差点从电脑里跳出来。

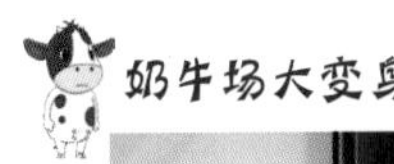

“对，这不是省钱的事儿。和配种员说，咱换好的，干正事，不差钱儿。”辉哥终于下定了决心。

辉哥和小农科在生产区内巡视，送饲料的运输车穿行其间，各牛舍秩序井然，运动场上的牛儿们或站或卧悠闲倒嚼。

辉哥和小农科边走边聊，一再地感谢小农科和张老师不但帮他解决了配种问题，眼下牛群改良、牛场管理也上了道儿。

两人走到产房外面，正看到小远拿着奶瓶，给一头刚生下不久的小牛犊喂奶。小农科提醒他，别光顾着犊牛，刚产完犊的母牛爱得乳房炎，刚干奶那几天也危险。要多注意点，尽量少用抗生素。

小农科见粪便处理并没引起辉哥的重视，连忙提醒他："牛场大了，牛粪处理是个大事。"

	体重(千克)	粪量	尿量	粪尿合计
泌乳牛	555～600	30～50	15～25	45～75
成年牛	400～600	20～35	10～17	30～52
育成牛	200～300	10～20	05～10	15～30

随着牛场的扩大，还用原来老的粪便处理方法显然行不通了，村民们也难免有些议论。向来爱漂亮的大花感觉很没面子，忍不住伤心地哭了起来。

* 斤为非法定计量单位，1斤=500克。

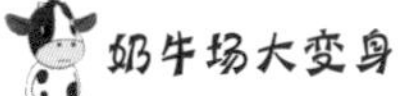

“都说咱这牛粪啊，村里到处是，下雨满地流，苍蝇到处飞，臭味儿可劲儿窜。”大花边哭边跟二花诉苦。

为了让辉哥尽早重视起牛粪处理问题，小农科拿出手机给他看标准化的粪污处理氧化塘。辉哥还以为是个公园，这才意识到自己的差距。

给每个牛舍装上处理粪便的干湿分离机，将牛舍里的粪尿收集到沉淀池；然后抽上来，经过干湿分离机分离，液体集中排放到氧化塘。氧化发酵做液体肥料，或直接在液体上种植浮萍类植物，做青绿饲料。固体运到晾晒场晾干，可以给牛做垫床。

小农科表示，就辉哥牧场目前的状况，规范化是最好的发展方向。符合国家动物饲养、繁殖、粪污处理的要求，就能通过国家标准化验收，就可以享受国家和省里的扶持政策，牛场就能再上一个台阶。

就这样，在小农科的鼓励下，辉哥对奶牛场进行了彻底整修。过去臭气难闻的奶牛场实现了脱胎换骨，变成了一座环境优美的标准化家庭牧场。

牛场正式落成这天，辉哥特意请来了张老师和小农科为牛场剪彩。在一片欢声笑语中，辉哥牧场踏上了标准化、规模化的发展之路。

图书在版编目(CIP)数据

奶牛场大变身 / 韩贵清主编.—北京 : 中国农业出版社, 2016.8
（现代农业新技术系列科普动漫丛书）
ISBN 978-7-109-22169-7

Ⅰ. ①奶… Ⅱ. ①韩… Ⅲ. ①乳牛—饲养管理 Ⅳ. ①S823.9

中国版本图书馆CIP数据核字(2016)第225982号

中国农业出版社出版
(北京市朝阳区麦子店街18号楼)
(邮政编码 100125)
责任编辑 刘伟 杨桂华

中国农业出版社印刷厂印刷 新华书店北京发行所发行
2017年1月第1版 2017年1月北京第1次印刷

开本: 787mm×1092mm 1/32 印张: 2.5
字数: 60千字
定价: 18.00元